うんこドリル

東京大学との共同研究で学力向上・学習意欲向上が実証されました！

① 学習効果 UP!⬆

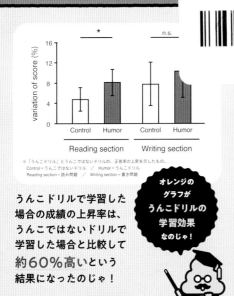

※「うんこドリル」と「うんこではないドリル」の、正答率の上昇を示したもの。
Control＝うんこではないドリル ／ Humor＝うんこドリル
Reading section＝読み問題 ／ Writing section＝書き問題

うんこドリルで学習した場合の成績の上昇率は、うんこではないドリルで学習した場合と比較して**約60％高い**という結果になったのじゃ！

オレンジのグラフがうんこドリルの学習効果なのじゃ！

② 学習意欲 UP!⬆

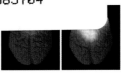

Slow gamma

Relative ΔEEG power

※「うんこドリル」と「うんこではないドリル」の閲覧時の、脳領域の活動の違いをカラーマップで表したもの。左から「アルファ波」「ベータ波」「スローガンマ波」。明るい部分ほど、うんこドリル閲覧時における脳波の動きが大きかった。

うんこドリルで学習した場合「記憶の定着」に**効果的である**ことが確認されたのじゃ！

明るくなっているところが、うんこドリルが優位に働いたところなのじゃ！

共同研究 東京大学薬学部 池谷裕二教授

1998年に東京大学にて薬学博士号を取得。2002〜2005年にコロンビア大学（米ニューヨーク）に留学をはさみ、2014年より現職。専門分野は神経生理学で、脳の健康について探究している。また、2018年よりERATO脳AI融合プロジェクトの代表を務め、AIチップの脳移植による新たな知能の開拓を目指している。
文部科学大臣表彰 若手科学者賞（2008年）、日本学術振興会賞（2013年）、日本学士院学術奨励賞（2013年）などを受賞。

著書：『海馬』『記憶力を強くする』『進化しすぎた脳』
論文：Science 304:559, 2004, 同誌 311:599, 2011, 同誌 335:353, 2012

先生のコメントはウラへ ➡

考察　池谷裕二教授より

教育において、ユーモアは児童・生徒を学習内容に注目させるために広く用いられます。先行研究によれば、ユーモアを含む教材では、ユーモアのない教材を用いたときよりも学習成績が高くなる傾向があることが示されていました。これらの結果は、ユーモアによって児童・生徒の注意力がより強く喚起されることで生じたものと考えられますが、ユーモアと注意力の関係を示す直接的な証拠は示されてきませんでした。そこで本研究では9〜10歳の子どもを対象に、電気生理学的アプローチを用いて、ユーモアが注意力に及ぼす影響を評価することとしました。

本研究では、ユーモアが脳波と記憶に及ぼす影響を統合的に検討しました。心理学の分野では、ユーモアが学習促進に役立つことが提唱されていますが、ユーモアが学習における集中力にどのような影響を与え、学習を促すのかについてはほとんど知られていません。しかし、記憶のエンコーディングにおいて遅いγ帯域の脳波が増加することが報告されていることと、今回我々が示した結果から、ユーモアは遅いγ波を増強することで学習促進に有用であることが示唆されます。
さらに、ユーモア刺激によるβ波強度の増加も観察されました。β波の活動は視覚的注意と関連していることが知られていること、集中力の程度は体の動きで評価できることから、本研究の結果からは、ユーモアがβ波強度の増加を介して集中度を高めている可能性が考えられます。

これらの結果は、ユーモアが学習に良い影響を与えるという
instructional humor processing theory を支持するものです。

※ J. Neuronet., 1028:1-13, 2020　http://neuronet.jp/jneuronet/007.pdf　東京大学薬学部　池谷裕二教授

詳しい情報は
こちらをチェック！

がんばったねシール

もんだいを ときおわったら，1ページに はろう。

❶ 5・6 ページ

❷ 7・8 ページ

❸ 9・10 ページ

❹ 11・12 ページ

❺ 13・14 ページ

❻ 15・16 ページ

❼ 17・18 ページ

❽ 19・20 ページ

❾ 21・22 ページ

⓾ 23・24 ページ

⓫ 25・26 ページ

⓬ 27・28 ページ
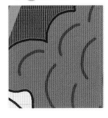

⓭ 29・30 ページ

⓮ 31・32 ページ

⓯ 33・34 ページ

⓰ 35・36 ページ

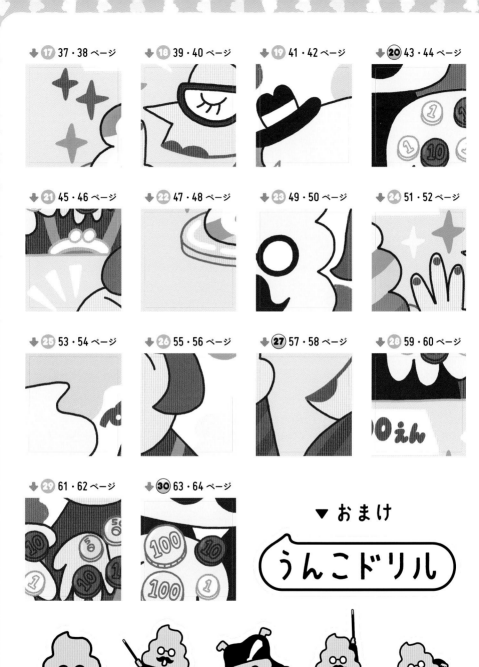

▼ おまけ

うんこドリル

うんこ先生からのもんだい

ぜんぶ はると
絵が できて
答えが
わかるぞい。

うんこ先生が もって いる お金は 何円かな？

答え合わせを したら，
番号の ところに
シールを はろう。

1 5・6 ページ	**19** 41・42 ページ	**25** 53・54 ページ	**9** 21・22 ページ	**15** 33・34 ページ
8 19・20 ページ	**16** 35・36 ページ	**23** 49・50 ページ	**13** 29・30 ページ	**26** 55・56 ページ
7 17・18 ページ	**30** 63・64 ページ	**20** 43・44 ページ	**29** 61・62 ページ	**6** 15・16 ページ
2 7・8 ページ	**10** 23・24 ページ	**28** 59・60 ページ	**21** 45・46 ページ	**12** 27・28 ページ
17 37・38 ページ	**5** 13・14 ページ	**24** 51・52 ページ	**18** 39・40 ページ	**4** 11・12 ページ
22 47・48 ページ	**3** 9・10 ページ	**14** 31・32 ページ	**27** 57・58 ページ	**11** 25・26 ページ

1

もくじ

30日 うんこドリルのつかい方

1 1日1まいを しっかりと とくのじゃ。
おもてに 5もん, うらに 5もんで
10もん とくぞい。

わすれずに うらも やろう。

うらも やろう

2 おわったら, 答え合わせを するのじゃ。
できた 分だけ 色を ぬって,
できなかった もんだいは, なんども
とり組んで おぼえるのじゃぞ。

ここに 答えの ページが
書いて あるよ。

こたえは 65ページ

3 べん強した ページの シールを
はるのじゃ。すべての シールを
はると, わしからの もんだいの
答えが わかるぞい!

さい後まで とり組んだら,
もんだいの 答えが わかるよ。

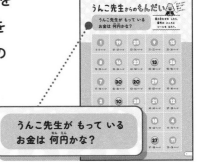

うんこ先生が もって いる
お金は 何円かな?

たし算の　ひっ算❶

● ひっ算で　計算を　しましょう。

① 25+61

② 53+14

③ 39+50

④ 42+37

● 声に　出して　読んでから　もんだいを　ときましょう。

⑤ 「うんこドッジボール」を　する　ために，1年生が　24人，2年生が　31人　あつまりました。あわせて　何人　あつまりましたか。

しき

ひっ算

答え _____

うらも　やろう

5

 1日目の つづき

● ひっ算で　計算を　しましょう。

 6 34+12　　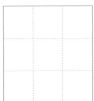 7 20+78

 8 56+31　　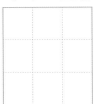 9 44+25

● 声に　出して　読んでから　もんだいを　ときましょう。

 10 61円の　うんこと，17円の　うんこケースを
買いました。あわせて　何円ですか。

しき

ひっ算

答え ＿＿＿＿＿＿

こたえは 65 ページ

できた分の色をぬって，1ページにシールをはろう。

6

2 日目 たし算の ひっ算❷

● ひっ算で 計算を しましょう。

① 81+7

② 6+33

③ 5+42

④ 72+4

● 声に 出して 読んでから もんだいを ときましょう。

⑤ 家の 本だなには, うんこ図かんが 64さつと, 鳥の 図かんが 3さつ あります。図かんは あわせて 何さつ ありますか。

しき

ひっ算

答え _____

（うらも やろう）

7

● ひっ算で 計算を しましょう。

 16+58　　 36+25

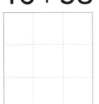

 42+49　　 78+14

● 声に 出して 読んでから もんだいを ときましょう。

「うんこ」と いう ことばを，きのうは 27回，今日は 45回 ノートに 書きました。

あわせて 何回 「うんこ」と 書きましたか。

しき　　　　　　　ひっ算

答え _____

こたえは 65 ページ

できた分の色をぬって，1ページにシールをはろう。

たし算の ひっ算❸

日目

学習日

月　日

● ひっ算で 計算を しましょう。

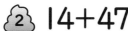 ① 69+13　② 14+47

③ 25+29　④ 38+27

● 声に 出して 読んでから もんだいを ときましょう。

⑤ うんこを 手に もった おじさんが 56人,
うんこを 頭に のせた おじさんが 15人
います。おじさんは あわせて 何人 いますか。

しき

ひっ算

答え ＿＿＿＿＿＿

うらも やろう

9

● ひっ算で 計算を しましょう。

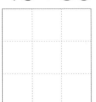 45+35

 18+72

 53+17

 24+26

● 声に 出して 読んでから もんだいを ときましょう。

 右手で 69回, 左手で 11回, うんこを
たたきました。あわせて 何回 たたきましたか。

しき

ひっ算

答え ＿＿＿＿＿＿

こたえは 66 ページ

できた分の色をぬって、1ページにシールをはろう。

● ひっ算で 計算を しましょう。

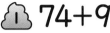 74+9

 28+3

 5+65

 7+44

___

● 声に 出して 読んでから もんだいを ときましょう。

 右足で 56回, 左足で 8回, うんこを けりました。あわせて 何回 けりましたか。

しき

ひっ算

答え _____

うらも やろう

11

● 計算の 答えが 同じに なる うんこを
　えらんで, ■と ●を 線で むすびましょう。

6

13+38 ■　● 21+30

7

48+9 ■　● 19+43

8

25+37 ■　● 2+54

9

43+44 ■　● 32+25

10

28+28 ■　● 69+18

こたえは 66 ページ

できた分の色をぬって, 1 ページにシールをはろう。

まとめ❶

● ひっ算で　計算を　しましょう。

① 32+44　　② 91+5

③ 68+26　　④ 27+53

● 声に　出して　読んでから　もんだいを　ときましょう。

⑤ ぼくの　へやには　うんこが　74こ　あります。
おにいさんが　19この　新しい　うんこを　くれました。
ぜんぶで　うんこは　何こに　なりましたか。

しき

ひっ算

答え ＿＿＿＿＿＿

うらも　やろう

13

● ひっ算で 計算を しましょう。

 38+61

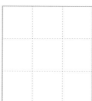 24+16

 23+48

 7+69

● 声に 出して 読んでから もんだいを ときましょう。

 うんこが 37こ，レモンが 33こ あります。
うんこと レモンは あわせて 何こ
ありますか。

しき

ひっ算

答え _____

こたえは 67 ページ

ひき算の　ひっ算❶

学習日

月　日

● ひっ算で　計算を　しましょう。

① 65−23　　② 88−57

③ 96−14　　④ 72−51

● 声に　出して　読んでから　もんだいを　ときましょう。

⑤ 49この　黄色い　うんこが　ありました。朝　見て　みると，26こが　赤く　なって　いました。黄色い　うんこは　何こ　ありますか。

しき

ひっ算

答え _____

うらも　やろう

15

● ひっ算で 計算を しましょう。

 **6** 98−50

 **7** 41−20

 8 65−61

 **9** 39−37

● 声に 出して 読んでから もんだいを ときましょう。

10 73円の うんこと，40円の リボンが
売られて います。うんこは リボンより
何円 高いですか。

しき

ひっ算

答え _____

こたえは 67 ページ

ひき算の ひっ算❷

● ひっ算で　計算を　しましょう。

❶ 28−5

❷ 67−6

❸ 34−2

❹ 81−1

● 声に　出して　読んでから　もんだいを　ときましょう。

❺ おじいちゃんの　うんこの　まわりに　56ぴきの　犬が　来ましたが，4ひき　帰って　しまいました。のこった　犬は　何びきですか。

しき

ひっ算

答え ＿＿＿＿＿＿＿

うらも　やろう

● ひっ算で 計算を しましょう。

6 42−17　　**7** 83−69

8 51−34　　**9** 94−48

──────────────

● 声に 出して 読んでから もんだいを ときましょう。

10 55この うんこを 頭に のせて おどって いましたが, とちゅうで 26こ おちました。 頭に のって いる うんこは 何こですか。

しき　　　　　　　　ひっ算

答え _____

こたえは 68 ページ

できた分の色をぬって, 1ページにシールをはろう。

ひき算の　ひっ算❸

● ひっ算で　計算を　しましょう。

① 74−39

② 81−12

③ 93−57

④ 65−48

● 声に　出して　読んでから　もんだいを　ときましょう。

⑤ しゃしんが　43まい　あります。そのうち，24まいは　うんこの　しゃしんでした。うんこでは　ない　しゃしんは　何まい　ありますか。

しき

ひっ算

答え ＿＿＿＿＿＿

うらも　やろう

19

● ひっ算で　計算を　しましょう。

 6 70−35　　 7 60−48

 8 33−26　　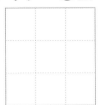 9 91−82

● 声に　出して　読んでから　もんだいを　ときましょう。

10 80ページ　ある　ノートに　うんこの　絵を
かきます。今，74ページまで　かきました。
うんこを　かいて　いないのは　何ページですか。

しき

ひっ算

答え ＿＿＿＿＿＿＿

こたえは 68 ページ

ひき算の ひっ算❹

● ひっ算で 計算を しましょう。

 33−8

 52−7

3 68−9

4 45−6

● 声に 出して 読んでから もんだいを ときましょう。

 大きな うんこを 71人で ささえて います。
つかれて 4人 帰って しまいました。大きな
うんこを ささえて いるのは 何人ですか。

しき

ひっ算

答え ＿＿＿＿＿＿＿＿

うらも やろう

21

● うんこで ひっ算が かくされて います。
同じ うんこには 同じ 数字が 入ります。
かくされた 数字を 答えましょう。

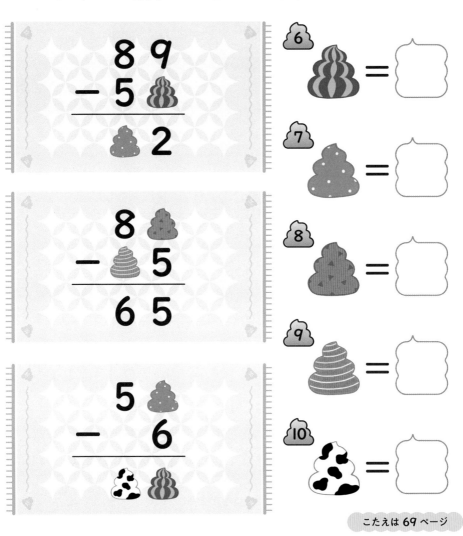

こたえは 69 ページ

できた分の色をぬって，1ページにシールをはろう。

まとめ❷

ひっ算で　計算を　しましょう。

 ① 58−33　　② 99−7

③ 62−28　　④ 70−52

声に　出して　読んでから　もんだいを　ときましょう。

⑤ 水玉うんこが　84こ，　しましまうんこが　26こ
あります。水玉うんこは，　しましまうんこより
何こ　多く　ありますか。

しき

ひっ算

答え _____

うらも　やろう

● ひっ算で 計算を しましょう。

 76−52　　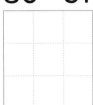 80−51

 85−49　　 42−35

● 声に 出して 読んでから もんだいを ときましょう。

10 うんこが 53こ, パイナップルが 4こ
あります。うんこは パイナップルより 何こ
多く ありますか。

しき

ひっ算

答え ＿＿＿＿＿＿

こたえは 69ページ

できた分の色をぬって, 1ページにシールをはろう。

何十・何百の たし算

● 計算を しましょう。

1. 90＋20

2. 50＋80

3. 70＋60

4. 80＋40

● 声に 出して 読んでから もんだいを ときましょう。

5. 30円の うんこを 買って, 90円の ふくろに 入れて もらいました。 あわせて 何円ですか。

しき

答え _____

うらも やろう

25

● 計算を しましょう。

6 200＋300

7 500＋100

8 400＋400

9 300＋700

● 声に 出して 読んでから もんだいを ときましょう。

10 体いくかんに，校長先生の うんこが 600こ，
ゴリラの うんこが 200こ あつめられて
います。うんこは あわせて 何こ ありますか。

しき

答え ＿＿＿＿＿＿＿＿

こたえは 70 ページ

何十・何百の ひき算

● 計算を　しましょう。

1. 120−40

2. 110−20

3. 140−70

4. 130−80

● 声に　出して　読んでから　もんだいを　ときましょう。

5. 「うんこジャンプ」に　150回　ちょうせんして，90回　しっぱいしました。「うんこジャンプ」に　せいこうしたのは　何回ですか。

しき

答え ＿＿＿＿＿＿＿＿

うらも　やろう

27

● 計算を しましょう。

6 700－400

7 600－200

8 800－500

9 1000－300

● 声に 出して 読んでから もんだいを ときましょう。

10 900円を もって 買いものに 行って,
700円の うんこを 買いました。
のこりは 何円ですか。

しき

答え ＿＿＿＿＿＿＿

こたえは **70** ページ

できた分の色をぬって，1ページにシールをはろう。

まとめ❸

計算を しましょう。

① 80＋80

② 40＋70

③ 160－90

④ 120－30

声に 出して 読んでから もんだいを ときましょう。

⑤ うんこを 110こ のせて 走って いる 馬が います。とちゅうで 50こ おちました。まだ 馬に のって いる うんこは 何こですか。

しき

答え ＿＿＿＿＿

うらも やろう

29

● 計算を　しましょう。

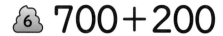

6　700＋200

7　300＋300

8　800－600

9　1000－500

● 声に　出して　読んでから　もんだいを　ときましょう。

10　先週　おとうさんは　100回，おじいちゃんは
900回　うんこを　したそうです。
あわせて　何回　うんこを　しましたか。

しき

答え＿＿＿＿＿＿＿＿

こたえは 71 ページ

できた分の色をぬって，1ページにシールをはろう。

たし算の ひっ算❺

● ひっ算で 計算を しましょう。

① 58+61

② 80+43

③ 75+72

④ 32+94

● 声に 出して 読んでから もんだいを ときましょう。

⑤ ぼくが 26回 「うんこ！」と さけぶ 間に，
おじいちゃんは 93回 「うんこ！」と さけんで
いました。あわせて 何回 さけびましたか。

しき

ひっ算

答え _____

うらも やろう

● ひっ算で 計算を しましょう。

6 96+72　　7 84+65

8 62+45　　9 23+81

● 声に 出して 読んでから もんだいを ときましょう。

10 うんこを 51こ かざって いました。朝
おきたら 57こ ふえて いました。うんこは
ぜんぶで 何こ ありますか。

しき　　　　　　　　　　ひっ算

答え ＿＿＿＿＿＿＿

こたえは 71 ページ

できた分の色をぬって，1ページにシールをはろう。

たし算の　ひっ算❻

● ひっ算で　計算を　しましょう。

 58+64　　 87+89

 76+47　　 96+56

● 声に　出して　読んでから　もんだいを　ときましょう。

 学校の　中で　1組は　69こ，2組は
78この　うんこを　ひろいました。ひろった
うんこは　あわせて　何こですか。

しき

ひっ算

答え ＿＿＿＿＿＿＿

うらも　やろう

33

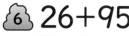

● ひっ算で 計算を しましょう。

 26+95 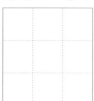 88+67

 79+53  46+67

● 声に 出して 読んでから もんだいを ときましょう。

 98円の うんこと 38円の けしゴムを
買いました。あわせて 何円ですか。

しき

ひっ算

答え ＿＿＿＿＿＿＿

こたえは 72 ページ

できた分の色をぬって，1ページにシールをはろう。

たし算の ひっ算 ❼

● ひっ算で　計算を　しましょう。

① 54+87

② 19+93

③ 65+48

④ 87+76

● 声に　出して　読んでから　もんだいを　ときましょう。

⑤ うんこの　まわりに　人が　77人　あつまって
います。さらに　34人　ふえました。
あつまった　人は　何人に　なりましたか。

しき

ひっ算

答え ＿＿＿＿＿＿＿＿

うらも やろう

35

● ひっ算で 計算を しましょう。

 6 68+52　　 **7** 74+96

8 81+39　　**9** 45+65

───────────────

● 声に 出して 読んでから もんだいを ときましょう。

10 おじいちゃんは うんこを しながら お茶を 57はい, コーラを 83はい のんで います。 あわせて 何ばい のんで いますか。

しき

ひっ算

答え ＿＿＿＿＿＿

こたえは **72** ページ

たし算の ひっ算❽

● ひっ算で 計算を しましょう。

① 79+61

② 43+87

③ 92+98

④ 55+65

● 声に 出して 読んでから もんだいを ときましょう。

⑤ うんこを もって 校ていを 走って います。
きのうは 84しゅう, 今日は 76しゅう
走りました。あわせて 何しゅう 走りましたか。

しき

ひっ算

答え _____

うらも やろう

● ひっ算で 計算を しましょう。

 58+45　　86+19

67+33　　25+78

● 声に 出して 読んでから もんだいを ときましょう。

⑩ うんこの まわりに 大人が 39人，子どもが
68人 あつまって います。あつまった 人は
あわせて 何人ですか。

しき

ひっ算

答え ＿＿＿＿＿＿

こたえは 73 ページ

できた分の色をぬって，1ページにシールをはろう。

38

たし算の　ひっ算❾

● ひっ算で　計算を　しましょう。

① 79+29

② 65+37

③ 13+88

④ 49+51

● 声に　出して　読んでから　もんだいを　ときましょう。

⑤ 89まいの　うんこカードを　もって　います。
おにいさんから，17まい　もらいました。うんこ
カードは　あわせて　何まいに　なりましたか。

しき

ひっ算

答え＿＿＿＿＿

うらも　やろう

● ひっ算で 計算を しましょう。

 93＋8　　 96＋9

 7＋95　　 6＋94

● 声に 出して 読んでから もんだいを ときましょう。

 おじいちゃんは 99こ, おばあちゃんは 5この
うんこを もって います。うんこを
あわせて 何こ もって いますか。

しき

ひっ算

答え ＿＿＿＿＿

こたえは 73 ページ

できた分の色をぬって，1ページにシールをはろう。

たし算の　ひっ算❿

● ひっ算で　計算を　しましょう。

 ① 92+9　　 ② 8+94

③ 3+97　　④ 99+6

● 声に　出して　読んでから　もんだいを　ときましょう。

⑤ 外を　見ると　うんこが　7こ　うかんで
　　いました。しばらく　すると　96こ　ふえて
　　いました。うかんで　いる　うんこは　何こですか。

しき　　　　　　　　　　ひっ算

答え _____

うらも　やろう

● うんこで ひっ算が かくされて います。
同じ うんこには 同じ 数字が 入ります。
かくされた 数字を 答えましょう。

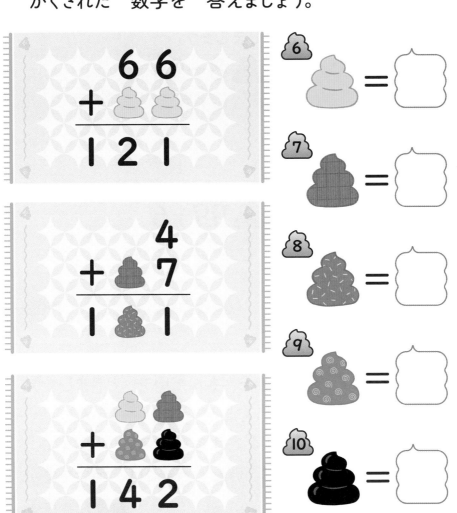

こたえは 74 ページ

できた分の色をぬって、1ページにシールをはろう。

まとめ❹

● ひっ算で　計算を　しましょう。

 ① 81+52　　 ② 69+73

 ③ 57+45　　 ④ 98+3

● 声に　出して　読んでから　もんだいを　ときましょう。

⑤ きのう　公園で　うんこを　39こ　見つけました。
今日，さらに　うんこを　84こ　見つけました。
見つけた　うんこは　あわせて　何こですか。

しき

ひっ算

答え ＿＿＿＿＿＿＿＿

うらも　やろう

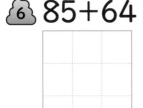

● ひっ算で 計算を しましょう。

6 85+64

7 78+35

8 48+92

9 65+38

● 声に 出して 読んでから もんだいを ときましょう。

10 ぼくは 33こ，おとうさんは 98この うんこを もって います。うんこは あわせて 何こ ありますか。

しき

ひっ算

答え _____

こたえは 74 ページ

できた分の色をぬって，１ページにシールをはろう。

ひき算の ひっ算❺

● ひっ算で 計算を しましょう。

 153-71

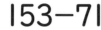 125-32

 169-97

 136-53

● 声に 出して 読んでから もんだいを ときましょう。

 とても 大きな うんこを 118人で ささえて います。64人 帰って しまいました。
うんこを ささえて いるのは 何人ですか。

しき

ひっ算

答え＿＿＿＿＿＿＿

うらも やろう

45

● ひっ算で　計算を　しましょう。

6 129−74

7 184−93

8 115−32

9 168−81

● 声に　出して　読んでから　もんだいを　ときましょう。

10 136円　もって　います。64円の　すてきな
うんこを　買うと，何円　のこりますか。

しき

ひっ算

64円

答え ＿＿＿＿＿＿＿

こたえは 75 ページ

できた分の色をぬって，1ページにシールをはろう。

ひき算の　ひっ算❻

● ひっ算で　計算を　しましょう。

 ① 108−17

② 102−41

③ 107−83

④ 105−62

● 声に　出して　読んでから　もんだいを　ときましょう。

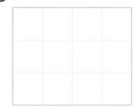 ⑤ うんこを　のせた　車が　106台　走って
　　います。とちゅうで　54台が　止まりました。
　　まだ　走って　いる　車は　何台ですか。

しき

ひっ算

答え ＿＿＿＿＿＿＿＿

うらも　やろう

● ひっ算で 計算を しましょう。

6 132−48

7 153−65

8 121−86

9 145−97

● 声に 出して 読んでから もんだいを ときましょう。

10 うんこを 124こ かざって いました。

朝 おきたら 67こ なくなって いました。

のこりの うんこは 何こ ありますか。

しき

ひっ算

答え ＿＿＿＿＿＿＿

こたえは 75 ページ

できた分の色をぬって，1ページにシールをはろう。

ひき算の ひっ算 ❼

● ひっ算で 計算を しましょう。

① 173−89

② 182−98

③ 164−77

④ 151−85

● 声に 出して 読んでから もんだいを ときましょう。

⑤ りんごが 97こ, うんこが 165こ あります。
　うんこは りんごより 何こ 多いですか。

しき

ひっ算

答え _____

うらも やろう

49

ひっ算で 計算を しましょう。

 148−69　　 112−95

 163−88　　 131−77

声に 出して 読んでから もんだいを ときましょう。

10 しゃしんが 124まい あります。そのうち、
87まいは うんこの しゃしんでした。うんこ
では ない しゃしんは 何まい ありますか。

しき

ひっ算

答え _____

こたえは 76 ページ

できた分の色をぬって、1ページにシールをはろう。

50

ひき算の ひっ算 ❽

● ひっ算で 計算を しましょう。

① 150−65

② 110−38

③ 180−91

④ 120−52

● 声に 出して 読んでから もんだいを ときましょう。

⑤ 130この うんこを せおって 走って いま
　したが, とちゅうで 84こ おちて しまいま
　した。せおって いる うんこは 何こですか。

しき

ひっ算

答え ＿＿＿＿＿＿＿＿

うらも やろう

● ひっ算で 計算を しましょう。

 140−67　　 170−86

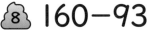 160−93　　 120−79

● 声に 出して 読んでから もんだいを ときましょう。

 85円の かわいいうんこと，150円の うつくしい うんこが 売られて います。うつくしいうんこは かわいいうんこより 何円 高いですか。

しき

答え ＿＿＿＿＿＿

ひっ算

こたえは 76 ページ

ひき算の ひっ算❾

● ひっ算で 計算を しましょう。

1 105−67

2 103−14

3 102−33

4 100−85

● 声に 出して 読んでから もんだいを ときましょう。

5 108この うんこを とても 大切に して
  います。そのうち, 29こを 弟に あげる
  ことに しました。のこる うんこは 何こですか。

しき

ひっ算

答え ＿＿＿＿＿＿

 うらも やろう

● ひっ算で 計算を しましょう。

 6 107−49

 7 104−55

 8 100−23

 9 106−78

● 声に 出して 読んでから もんだいを ときましょう。

10 うんこの 本が 101さつ, まんがの 本が 76さつ あります。うんこの 本は, まんがの 本より 何さつ 多いですか。

しき

ひっ算

答え _____

こたえは 77 ページ

ひき算の ひっ算❿

● ひっ算で 計算を しましょう。

 102-3

❷ 106-9

❸ 105-6

❹ 100-8

● 声に 出して 読んでから もんだいを ときましょう。

❺「校長先生の うんこを 見る 会」に 103人が
　来る ことに なって いましたが, 来たのは
　7人だけでした。来なかったのは 何人ですか。

しき

ひっ算

答え ＿＿＿＿＿＿

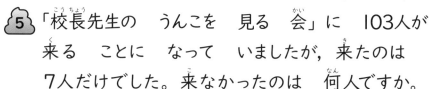

うらも やろう

55

● ひっ算で 計算を しましょう。

 128−73

  141−82

 123−57

131−69

● 声に 出して 読んでから もんだいを ときましょう。

 おとうさんは 98こ, おじいちゃんは 154こ, うんこを もって います。おじいちゃんは, おとうさんより うんこを 何こ 多く もって いますか。

しき

ひっ算

答え ＿＿＿＿＿＿＿

こたえは 77 ページ

できた分の色をぬって, 1ページにシールをはろう。

まとめ❺

● ひっ算で　計算を　しましょう。

 128−95　　 132−74

 160−89　　 103−55

● 声に　出して　読んでから　もんだいを　ときましょう。

5 人さしゆびで　67回,　中ゆびで　116回,
うんこを　つつきました。中ゆびで　つついた
回数は,　人さしゆびより　何回　多いですか。

しき

ひっ算

答え ＿＿＿＿＿＿＿

うらも　やろう

57

● ひっ算で 計算を しましょう。

6 113−35

7 165−96

8 120−29

9 100−74

● 声に 出して 読んでから もんだいを ときましょう。

10 うんこに えんぴつを 105本 さしました。
朝 見て みると, 8本 おちて いました。
ささって いる えんぴつは 何本ですか。

しき

ひっ算

答え ＿＿＿＿＿＿

こたえは 78 ページ

できた分の色をぬって, 1ページにシールをはろう。

大きい　数の
たし算

● ひっ算で　計算を　しましょう。

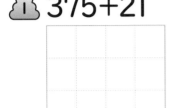 375+21

 738+52

 83+512

319+70

● 声に　出して　読んでから　もんだいを　ときましょう。

⑤ 924ひきの　ウンコムシが　ならんで　歩いて
います。そこに　43ひき　くわわりました。
ウンコムシは　ぜんぶで　何びきに　なりましたか。

しき

ひっ算

答え ＿＿＿＿＿＿＿＿＿

うらも　やろう

59

● ひっ算で　計算を　しましょう。

 **6** 438+5　　 **7** 272+9

 **8** 6+787　　 **9** 8+502

● 声に　出して　読んでから　もんだいを　ときましょう。

10 おとうさんは　先月までに　365回　うんこを
もらしたそうです。今月は　7回　もらしました。
ぜんぶで　何回　うんこを　もらしましたか。

しき

ひっ算

答え ＿＿＿＿＿＿

こたえは 78 ページ

大きい 数の ひき算

● ひっ算で 計算を しましょう。

 685−73

 942−16

 251−34

 390−57

● 声に 出して 読んでから もんだいを ときましょう。

5 うんこを 764こ もらいました。そのうち 24こを コレクションに して，のこりは すてました。うんこを 何こ すてましたか。

 しき

ひっ算

 答え ＿＿＿＿＿＿

うらも やろう

● ひっ算で 計算を しましょう。

 **726−8**

 **293−5**

 **940−3**

 **416−9**

● 声に 出して 読んでから もんだいを ときましょう。

10 ハンマーで 581回 たたくと われる, かたい
うんこが あります。今 2回 たたきました。
あと 何回 たたくと われますか。

しき

ひっ算

答え ＿＿＿＿＿＿

こたえは 79 ページ

まとめ❻

● ひっ算で 計算を しましょう。

 468+13

 706+55

 846−38

275−9

● 声に 出して 読んでから もんだいを ときましょう。

5 おじいちゃんは うんこの 絵を 605まい,
にじの 絵を 56まい もって います。
絵を あわせて 何まい もって いますか。

しき

ひっ算

答え _____

うらも やろう

● ひっ算で 計算を しましょう。

6 27+451

7 522−19

8 808+64

9 478−76

● 声に 出して 読んでから もんだいを ときましょう。

10 653円の うんこが あります。少しだけ
ひびが 入って いるので，27円 やすく なって
いました。うんこは 何円で 売られて いますか。

しき

ひっ算

答え ＿＿＿＿＿＿＿＿

こたえは 79 ページ

できた分の色をぬって，1ページにシールをはろう。

こたえ

できた　分だけ　色を　ぬろう。
まちがえた　もんだいは　もう　いちど　やろう。

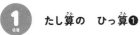 **1** **たし算の　ひっ算❶**

月　日

● ひっ算で　計算を　しましょう。

① 25+61
```
  2 5
+ 6 1
  8 6
```

② 53+14
```
  5 3
+ 1 4
  6 7
```

③ 39+50
```
  3 9
+ 5 0
  8 9
```

④ 42+37
```
  4 2
+ 3 7
  7 9
```

● 声に　出して　読んでから　もんだいを　ときましょう。

⑤ 「うんこドッジボール」を　する　ために、1年
生が　24人、2年生が　31人　あつまりました。
あわせて　何人　あつまりましたか。

しき　24+31＝55

ひっ算
```
  2 4
+ 3 1
  5 5
```

答え　55人

5

 （1日目の つづき）

● ひっ算で　計算を　しましょう。

⑥ 34+12
```
  3 4
+ 1 2
  4 6
```

⑦ 20+78
```
  2 0
+ 7 8
  9 8
```

⑧ 56+31
```
  5 6
+ 3 1
  8 7
```

⑨ 44+25
```
  4 4
+ 2 5
  6 9
```

● 声に　出して　読んでから　もんだいを　ときましょう。

⑩ 61円の　うんこと、17円の　うんこケースを
買いました。あわせて　何円ですか。

しき　61+17＝78

ひっ算
```
  6 1
+ 1 7
  7 8
```

答え　78円

こたえは 65 ページ

5

できた分の色をぬって、1ページビシールをはろう。

---

2 **たし算の　ひっ算❷**

月　日

● ひっ算で　計算を　しましょう。

① 81+7
```
  8 1
+   7
  8 8
```

② 6+33
```
    6
+ 3 3
  3 9
```

③ 5+42
```
    5
+ 4 2
  4 7
```

④ 72+4
```
  7 2
+   4
  7 6
```

● 声に　出して　読んでから　もんだいを　ときましょう。

⑤ 家の　本だなには、うんこ図かんが　64さつと、
鳥の　図かんが　3さつ　あります。図かんは
あわせて　何さつ　ありますか。

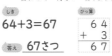

しき　64+3＝67

ひっ算
```
  6 4
+   3
  6 7
```

答え　67さつ

7

（2日目の つづき）

● ひっ算で　計算を　しましょう。

⑥ 16+58
```
  1 6
+ 5 8
  7 4
```

⑦ 36+25
```
  3 6
+ 2 5
  6 1
```

⑧ 42+49
```
  4 2
+ 4 9
  9 1
```

⑨ 78+14
```
  7 8
+ 1 4
  9 2
```

● 声に　出して　読んでから　もんだいを　ときましょう。

⑩ 「うんこ」と　いう　ことばを、きのうは　27回、
今日は　45回　ノートに　書きました。
あわせて　何回　「うんこ」と　書きましたか。

しき　27+45＝72

ひっ算
```
  2 7
+ 4 5
  7 2
```

答え　72回

こたえは 65 ページ

8

できた分の色をぬって、1ページビシールをはろう。

65

こたえ

③ たし算の ひっ算❸

<small>学しゅう 月 日</small>

● ひっ算で 計算を しましょう。

① 69+13
```
  6 9
+ 1 3
─────
  8 2
```

② 14+47
```
  1 4
+ 4 7
─────
  6 1
```

③ 25+29
```
  2 5
+ 2 9
─────
  5 4
```

④ 38+27
```
  3 8
+ 2 7
─────
  6 5
```

● 声に 出して 読んでから もんだいを ときましょう。

⑤ うんこを 手に もった おじさんが 56人，うんこを 頭に のせた おじさんが 15人 います。おじさんは あわせて 何人 いますか。

しき 56+15=71

ひっ算
```
  5 6
+ 1 5
─────
  7 1
```

答え 71人

9

<small>3日目の つづき</small>

● ひっ算で 計算を しましょう。

⑥ 45+35
```
  4 5
+ 3 5
─────
  8 0
```

⑦ 18+72
```
  1 8
+ 7 2
─────
  9 0
```

⑧ 53+17
```
  5 3
+ 1 7
─────
  7 0
```

⑨ 24+26
```
  2 4
+ 2 6
─────
  5 0
```

● 声に 出して 読んでから もんだいを ときましょう。

⑩ 右手で 69回，左手で 11回，うんこを たたきました。あわせて 何回 たたきましたか。

しき 69+11=80

ひっ算
```
  6 9
+ 1 1
─────
  8 0
```

答え 80回

こたえは 66 ページ

10

---

④ たし算の ひっ算❹

<small>学しゅう 月 日</small>

● ひっ算で 計算を しましょう。

① 74+9
```
  7 4
+   9
─────
  8 3
```

② 28+3
```
  2 8
+   3
─────
  3 1
```

③ 5+65
```
    5
+ 6 5
─────
  7 0
```

④ 7+44
```
    7
+ 4 4
─────
  5 1
```

● 声に 出して 読んでから もんだいを ときましょう。

⑤ 右足で 56回，左足で 8回，うんこを けりました。あわせて 何回 けりましたか。

しき 56+8=64

ひっ算
```
  5 6
+   8
─────
  6 4
```

答え 64回

11

<small>4日目の つづき</small>

● 計算の 答えが 同じに なる うんこを えらんで，■と●を 線で むすびましょう。

⑥ 13+38 ——— 21+30

⑦ 48+9

⑧ 25+37

⑨ 43+44

⑩ 28+28

19+43

2+54

32+25

69+18

こたえは 66 ページ

12

こたえ

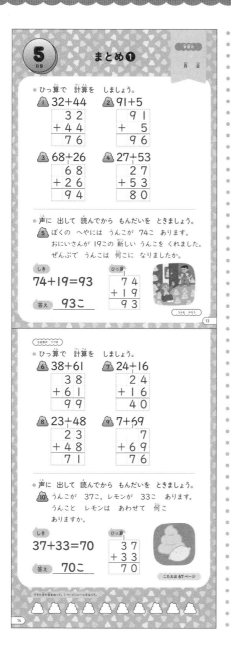

5 まとめ❶

学習日　月　日

● ひっ算で 計算を しましょう。

① 32+44
```
  3 2
+ 4 4
  7 6
```

② 91+5
```
  9 1
+   5
  9 6
```

③ 68+26
```
  6 8
+ 2 6
  9 4
```

④ 27+53
```
  2 7
+ 5 3
  8 0
```

● 声に 出して 読んでから もんだいを ときましょう。

⑤ ぼくの へやには うんこが 74こ あります。
おにいさんが 19この 新しい うんこを くれました。
ぜんぶで うんこは 何こに なりましたか。

しき
74+19=93

ひっ算
```
  7 4
+ 1 9
  9 3
```

答え 93こ

13

5日目の つづき

● ひっ算で 計算を しましょう。

⑥ 38+61
```
  3 8
+ 6 1
  9 9
```

⑦ 24+16
```
  2 4
+ 1 6
  4 0
```

⑧ 23+48
```
  2 3
+ 4 8
  7 1
```

⑨ 7+69
```
    7
+ 6 9
  7 6
```

● 声に 出して 読んでから もんだいを ときましょう。

⑩ うんこが 37こ、レモンが 33こ あります。
うんこと レモンは あわせて 何こ
ありますか。

しき
37+33=70

ひっ算
```
  3 7
+ 3 3
  7 0
```

答え 70こ

こたえは 67ページ

14

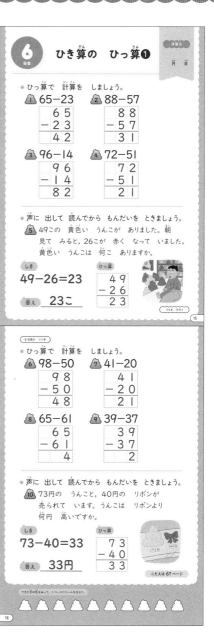

6 ひき算の ひっ算❶

学習日　月　日

● ひっ算で 計算を しましょう。

① 65−23
```
  6 5
- 2 3
  4 2
```

② 88−57
```
  8 8
- 5 7
  3 1
```

③ 96−14
```
  9 6
- 1 4
  8 2
```

④ 72−51
```
  7 2
- 5 1
  2 1
```

● 声に 出して 読んでから もんだいを ときましょう。

⑤ 49この 黄色い うんこが ありました。朝
見て みると、26こが 赤く なって いました。
黄色い うんこは 何こ ありますか。

しき
49−26=23

ひっ算
```
  4 9
- 2 6
  2 3
```

答え 23こ

15

6日目の つづき

● ひっ算で 計算を しましょう。

⑥ 98−50
```
  9 8
- 5 0
  4 8
```

⑦ 41−20
```
  4 1
- 2 0
  2 1
```

⑧ 65−61
```
  6 5
- 6 1
    4
```

⑨ 39−37
```
  3 9
- 3 7
    2
```

● 声に 出して 読んでから もんだいを ときましょう。

⑩ 73円の うんこと、40円の リボンが
売られて います。うんこは リボンより
何円 高いですか。

しき
73−40=33

ひっ算
```
  7 3
- 4 0
  3 3
```

答え 33円

こたえは 67ページ

16

こたえ

7日目 ひき算の ひっ算❷

月 日

● ひっ算で 計算を しましょう。

① 28−5
```
  2 8
−   5
  2 3
```

② 67−6
```
  6 7
−   6
  6 1
```

③ 34−2
```
  3 4
−   2
  3 2
```

④ 81−1
```
  8 1
−   1
  8 0
```

● 声に 出して 読んでから もんだいを ときましょう。

⑤ おじいちゃんの うんこの まわりに 56ぴきの 犬が 来ましたが、4ひき 帰って しまいました。のこった 犬は 何びきですか。

しき 56−4=52

ひっ算
```
  5 6
−   4
  5 2
```

答え 52ひき

17

7日目の つづき

● ひっ算で 計算を しましょう。

⑥ 42−17
```
  4 2
− 1 7
  2 5
```

⑦ 83−69
```
  8 3
− 6 9
  1 4
```

⑧ 51−34
```
  5 1
− 3 4
  1 7
```

⑨ 94−48
```
  9 4
− 4 8
  4 6
```

● 声に 出して 読んでから もんだいを ときましょう。

⑩ 55この うんこを 頭に のせて おどって いましたが、とちゅうで 26こ おちました。頭に のって いる うんこは 何こですか。

しき 55−26=29

ひっ算
```
  5 5
− 2 6
  2 9
```

答え 29こ

こたえは 68ページ

18

8日目 ひき算の ひっ算❸

月 日

● ひっ算で 計算を しましょう。

① 74−39
```
  7 4
− 3 9
  3 5
```

② 81−12
```
  8 1
− 1 2
  6 9
```

③ 93−57
```
  9 3
− 5 7
  3 6
```

④ 65−48
```
  6 5
− 4 8
  1 7
```

● 声に 出して 読んでから もんだいを ときましょう。

⑤ しゃしんが 43まい あります。そのうち、24まいは うんこの しゃしんでした。うんこ では ない しゃしんは 何まい ありますか。

しき 43−24=19

ひっ算
```
  4 3
− 2 4
  1 9
```

答え 19まい

19

8日目の つづき

● ひっ算で 計算を しましょう。

⑥ 70−35
```
  7 0
− 3 5
  3 5
```

⑦ 60−48
```
  6 0
− 4 8
  1 2
```

⑧ 33−26
```
  3 3
− 2 6
    7
```

⑨ 91−82
```
  9 1
− 8 2
    9
```

● 声に 出して 読んでから もんだいを ときましょう。

⑩ 80ページ ある ノートに うんこの 絵を かきます。今、74ページまで かきました。うんこを かいて いないのは 何ページですか。

しき 80−74=6

ひっ算
```
  8 0
− 7 4
    6
```

答え 6ページ

こたえは 68ページ

20

できた分の数をぬって、1ページにシールをはろう。

こたえ

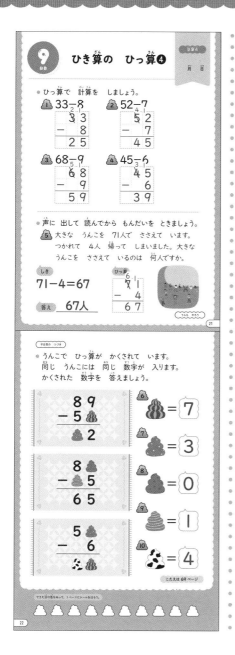

● ひっ算で 計算を しましょう。

① 33−8
```
  3 3
−   8
  2 5
```

② 52−7
```
  5 2
−   7
  4 5
```

③ 68−9
```
  6 8
−   9
  5 9
```

④ 45−6
```
  4 5
−   6
  3 9
```

● 声に 出して 読んでから もんだいを ときましょう。
⑤ 大きな うんこを 71人で ささえて います。
つかれて 4人 帰って しまいました。大きな
うんこを ささえて いるのは 何人ですか。

しき　71−4=67

ひっ算
```
  7 1
−   4
  6 7
```

答え　67人

● うんこで ひっ算が かくされて います。
同じ うんこには 同じ 数字が 入ります。
かくされた 数字を 答えましょう。

```
  8 9
− 5💩
    2
```
💩 = 7

```
  8 💩
− 5
  6 5
```
💩 = 3

```
  5 💩
−   6
💩💩
```
💩 = 1

💩💩 = 4

こたえは 69 ページ

22

● ひっ算で 計算を しましょう。

① 58−33
```
  5 8
− 3 3
  2 5
```

② 99−7
```
  9 9
−   7
  9 2
```

③ 62−28
```
  6 2
− 2 8
  3 4
```

④ 70−52
```
  7 0
− 5 2
  1 8
```

● 声に 出して 読んでから もんだいを ときましょう。
⑤ 水玉うんこが 84こ，しましまうんこが 26こ
あります。水玉うんこは，しましまうんこより
何こ 多く ありますか。

しき　84−26=58

ひっ算
```
  8 4
− 2 6
  5 8
```

答え　58こ

● ひっ算で 計算を しましょう。

⑥ 76−52
```
  7 6
− 5 2
  2 4
```

⑦ 80−51
```
  8 0
− 5 1
  2 9
```

⑧ 85−49
```
  8 5
− 4 9
  3 6
```

⑨ 42−35
```
  4 2
− 3 5
    7
```

● 声に 出して 読んでから もんだいを ときましょう。
⑩ うんこが 53こ，パイナップルが 4こ
あります。うんこは パイナップルより 何こ
多く ありますか。

しき　53−4=49

ひっ算
```
  5 3
−   4
  4 9
```

答え　49こ

こたえは 69 ページ

24

こたえ

11日目 何十・何百の たし算

● 計算を しましょう。

 ① $90+20=110$

② $50+80=130$

③ $70+60=130$

④ $80+40=120$

● 声に 出して 読んでから もんだいを ときましょう。

⑤ 30円の うんこを 買って，90円の
ふくろに 入れて もらいました。
あわせて 何円ですか。

しき
$30+90=120$

答え 120円

25

11日目の つづき

● 計算を しましょう。

⑥ $200+300=500$

⑦ $500+100=600$

⑧ $400+400=800$

⑨ $300+700=1000$

● 声に 出して 読んでから もんだいを ときましょう。

⑩ 体いくかんに，校長先生の うんこが 600こ，
ゴリラの うんこが 200こ あつめられて
います。うんこは あわせて 何こ ありますか。

しき
$600+200=800$

答え 800こ

こたえは 70 ページ

26

できた分の番号をぬって，1ページにシールをはろう。

12日目 何十・何百の ひき算

● 計算を しましょう。

① $120-40=80$

② $110-20=90$

③ $140-70=70$

④ $130-80=50$

● 声に 出して 読んでから もんだいを ときましょう。

⑤ 「うんこジャンプ」に 150回 ちょうせんして，
90回 しっぱいしました。「うんこジャンプ」に
せいこうしたのは 何回ですか。

しき
$150-90=60$

答え 60回

27

12日目の つづき

● 計算を しましょう。

⑥ $700-400=300$

⑦ $600-200=400$

⑧ $800-500=300$

⑨ $1000-300=700$

● 声に 出して 読んでから もんだいを ときましょう。

⑩ 900円を もって 買いものに 行って，
700円の うんこを 買いました。
のこりは 何円ですか。

しき
$900-700=200$

答え 200円

こたえは 70 ページ

28

できた分の番号をぬって，1ページにシールをはろう。

こたえ

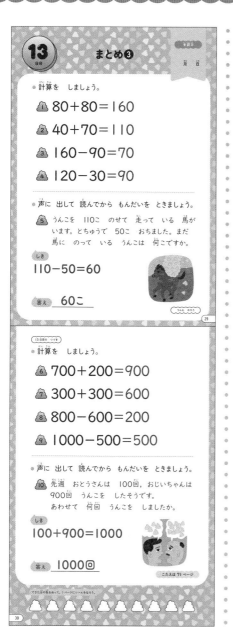

13 まとめ③
学習日 月 日

● 計算を しましょう。

① 80＋80＝160

② 40＋70＝110

③ 160－90＝70

④ 120－30＝90

● 声に 出して 読んでから もんだいを ときましょう。

⑤ うんこを 110こ のせて 走って いる 馬が います。とちゅうで 50こ おちました。まだ 馬に のって いる うんこは 何こですか。

しき 110－50＝60

答え 60こ

29

13日目の つづき

● 計算を しましょう。

⑥ 700＋200＝900

⑦ 300＋300＝600

⑧ 800－600＝200

⑨ 1000－500＝500

● 声に 出して 読んでから もんだいを ときましょう。

⑩ 先週 おとうさんは 100回，おじいちゃんは 900回 うんこを したそうです。 あわせて 何回 うんこを しましたか。

しき 100＋900＝1000

答え 1000回

こたえは 71 ページ

30

14 たし算の ひっ算⑤
学習日 月 日

● ひっ算で 計算を しましょう。

① 58＋61
```
  58
＋61
 119
```

② 80＋43
```
  80
＋43
 123
```

③ 75＋72
```
  75
＋72
 147
```

④ 32＋94
```
  32
＋94
 126
```

● 声に 出して 読んでから もんだいを ときましょう。

⑤ ぼくが 26回 「うんこ！」と さけぶ 間に、おじいちゃんは 93回 「うんこ！」と さけんで いました。あわせて 何回 さけびましたか。

しき 26＋93＝119

ひっ算
```
  26
＋93
 119
```

答え 119回

31

14日目の つづき

● ひっ算で 計算を しましょう。

⑥ 96＋72
```
  96
＋72
 168
```

⑦ 84＋65
```
  84
＋65
 149
```

⑧ 62＋45
```
  62
＋45
 107
```

⑨ 23＋81
```
  23
＋81
 104
```

● 声に 出して 読んでから もんだいを ときましょう。

⑩ うんこを 51こ かざって いました。朝 おきたら 57こ ふえて いました。うんこは ぜんぶで 何こ ありますか。

しき 51＋57＝108

ひっ算
```
  51
＋57
 108
```

答え 108こ

こたえは 71 ページ

32

こたえ

15 たし算の ひっ算❻

学習日 月 日

● ひっ算で 計算を しましょう。

① 58+64
```
   5 8
 + 6 4
 1 2 2
```

② 87+89
```
   8 7
 + 8 9
 1 7 6
```

③ 76+47
```
   7 6
 + 4 7
 1 2 3
```

④ 96+56
```
   9 6
 + 5 6
 1 5 2
```

● 声に 出して 読んでから もんだいを ときましょう。

⑤ 学校の 中で 1組は 69こ、2組は
78この うんこを ひろいました。ひろった
うんこは あわせて 何こですか。

しき 69+78=147

ひっ算
```
   6 9
 + 7 8
 1 4 7
```

答え 147こ

33

15日目の つづき

● ひっ算で 計算を しましょう。

⑥ 26+95
```
   2 6
 + 9 5
 1 2 1
```

⑦ 88+67
```
   8 8
 + 6 7
 1 5 5
```

⑧ 79+53
```
   7 9
 + 5 3
 1 3 2
```

⑨ 46+67
```
   4 6
 + 6 7
 1 1 3
```

● 声に 出して 読んでから もんだいを ときましょう。

⑩ 98円の うんこと 38円の けしゴムを
買いました。あわせて 何円ですか。

しき 98+38=136

ひっ算
```
   9 8
 + 3 8
 1 3 6
```

答え 136円

こたえは 72ページ

34

---

16 たし算の ひっ算❼

学習日 月 日

● ひっ算で 計算を しましょう。

① 54+87
```
   5 4
 + 8 7
 1 4 1
```

② 19+93
```
   1 9
 + 9 3
 1 1 2
```

③ 65+48
```
   6 5
 + 4 8
 1 1 3
```

④ 87+76
```
   8 7
 + 7 6
 1 6 3
```

● 声に 出して 読んでから もんだいを ときましょう。

⑤ うんこの まわりに 人が 77人 あつまって
います。さらに 34人 ふえました。
あつまった 人は 何人に なりましたか。

しき 77+34=111

ひっ算
```
   7 7
 + 3 4
 1 1 1
```

答え 111人

35

16日目の つづき

● ひっ算で 計算を しましょう。

⑥ 68+52
```
   6 8
 + 5 2
 1 2 0
```

⑦ 74+96
```
   7 4
 + 9 6
 1 7 0
```

⑧ 81+39
```
   8 1
 + 3 9
 1 2 0
```

⑨ 45+65
```
   4 5
 + 6 5
 1 1 0
```

● 声に 出して 読んでから もんだいを ときましょう。

⑩ おじいちゃんは うんこを しながら お茶を
57はい、コーラを 83ばい のんで います。
あわせて 何ばい のんで いますか。

しき 57+83=140

ひっ算
```
   5 7
 + 8 3
 1 4 0
```

答え 140ぱい

こたえは 72ページ

36

72

こたえ

17 日目　たし算の　ひっ算❽

 学習日　月　日

● ひっ算で　計算を　しましょう。

① 79+61
```
   79
 + 61
  140
```

② 43+87
```
   43
 + 87
  130
```

③ 92+98
```
   92
 + 98
  190
```

④ 55+65
```
   55
 + 65
  120
```

● 声に　出して　読んでから　もんだいを　ときましょう。

⑤ うんこを　もって　校ていを　走って　います。
きのうは　84しゅう、今日は　76しゅう
走りました。あわせて　何しゅう　走りましたか。

しき　84+76=160

ひっ算
```
   84
 + 76
  160
```

答え　160しゅう

37

（17日目の　つづき）

● ひっ算で　計算を　しましょう。

⑥ 58+45
```
   58
 + 45
  103
```

⑦ 86+19
```
   86
 + 19
  105
```

⑧ 67+33
```
   67
 + 33
  100
```

⑨ 25+78
```
   25
 + 78
  103
```

● 声に　出して　読んでから　もんだいを　ときましょう。

⑩ うんこの　まわりに　大人が　39人、子どもが
68人　あつまって　います。あつまった　人は
あわせて　何人ですか。

しき　39+68=107

ひっ算
```
   39
 + 68
  107
```

答え　107人

こたえは73ページ

38

できた分の数をあつめて、1ページシールをはろう。

---

18 日目　たし算の　ひっ算❾

 学習日　月　日

● ひっ算で　計算を　しましょう。

① 79+29
```
   79
 + 29
  108
```

② 65+37
```
   65
 + 37
  102
```

③ 13+88
```
   13
 + 88
  101
```

④ 49+51
```
   49
 + 51
  100
```

● 声に　出して　読んでから　もんだいを　ときましょう。

⑤ 89まいの　うんこカードを　もって　います。
おにいさんから、17まい　もらいました。うんこ
カードは　あわせて　何まいに　なりましたか。

しき　89+17=106

ひっ算
```
   89
 + 17
  106
```

答え　106まい

39

（18日目の　つづき）

● ひっ算で　計算を　しましょう。

⑥ 93+8
```
   93
 +  8
  101
```

⑦ 96+9
```
   96
 +  9
  105
```

⑧ 7+95
```
    7
 + 95
  102
```

⑨ 6+94
```
    6
 + 94
  100
```

● 声に　出して　読んでから　もんだいを　ときましょう。

⑩ おじいちゃんは　99こ、おばあちゃんは　5この
うんこを　もって　います。うんこを
あわせて　何こ　もって　いますか。

しき　99+5=104

ひっ算
```
   99
 +  5
  104
```

答え　104こ

こたえは73ページ

40

できた分の数をあつめて、1ページシールをはろう。

73

こたえ

19 たし算の ひっ算⓾

● ひっ算で 計算を しましょう。

① 92+9
```
   9 2
 +   9
 1 0 1
```

② 8+94
```
     8
 + 9 4
 1 0 2
```

③ 3+97
```
     3
 + 9 7
 1 0 0
```

④ 99+6
```
   9 9
 +   6
 1 0 5
```

● 声に 出して 読んでから もんだいを ときましょう。

⑤ 外を 見ると うんこが 7こ うかんで いました。しばらく すると 96こ ふえて いました。うかんで いる うんこは 何こですか。

しき 7+96=103

ひっ算
```
     7
 + 9 6
 1 0 3
```

答え 103こ

41

19日目の つづき

● うんこで ひっ算が かくされて います。同じ うんこには 同じ 数字が 入ります。かくされた 数字を 答えましょう。

```
   6 6
 + 💩💩
 1 2 1
```
⑥ 💩 = 5

```
     4
 + 💩 7
 1 💩 1
```
⑦ 💩 = 9

⑧ 💩 = 0

```
 + 💩 💩
 1 4 2
```
⑨ 💩 = 8

⑩ 💩 = 3

こたえは 74ページ

42

---

20 まとめ❹

● ひっ算で 計算を しましょう。

① 81+52
```
   8 1
 + 5 2
 1 3 3
```

② 69+73
```
   6 9
 + 7 3
 1 4 2
```

③ 57+45
```
   5 7
 + 4 5
 1 0 2
```

④ 98+3
```
   9 8
 +   3
 1 0 1
```

● 声に 出して 読んでから もんだいを ときましょう。

⑤ きのう 公園で うんこを 39こ 見つけました。今日、さらに うんこを 84こ 見つけました。見つけた うんこは あわせて 何こですか。

しき 39+84=123

ひっ算
```
   3 9
 + 8 4
 1 2 3
```

答え 123こ

43

20日目の つづき

● ひっ算で 計算を しましょう。

⑥ 85+64
```
   8 5
 + 6 4
 1 4 9
```

⑦ 78+35
```
   7 8
 + 3 5
 1 1 3
```

⑧ 48+92
```
   4 8
 + 9 2
 1 4 0
```

⑨ 65+38
```
   6 5
 + 3 8
 1 0 3
```

● 声に 出して 読んでから もんだいを ときましょう。

⑩ ぼくは 33こ、おとうさんは 98この うんこを もって います。あわせて 何こ ありますか。

しき 33+98=131

ひっ算
```
   3 3
 + 9 8
 1 3 1
```

答え 131こ

こたえは 74ページ

44

こたえ

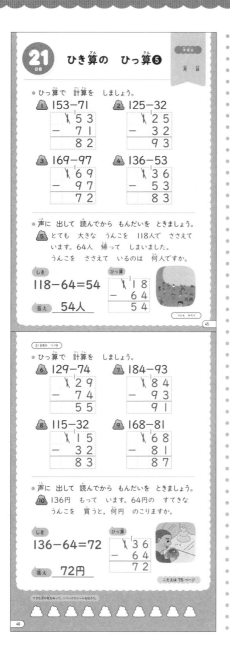

● ひっ算で 計算を しましょう。

1. 153−71
```
  153
−  71
   82
```

2. 125−32
```
  125
−  32
   93
```

3. 169−97
```
  169
−  97
   72
```

4. 136−53
```
  136
−  53
   83
```

● 声に 出して 読んでから もんだいを ときましょう。

5. とても 大きな うんこを 118人で ささえて います。64人 帰って しまいました。
うんこを ささえて いるのは 何人ですか。

しき　118−64=54

ひっ算
```
  118
−  64
   54
```

答え　54人

（45）

21日目の つづき

● ひっ算で 計算を しましょう。

6. 129−74
```
  129
−  74
   55
```

7. 184−93
```
  184
−  93
   91
```

8. 115−32
```
  115
−  32
   83
```

9. 168−81
```
  168
−  81
   87
```

● 声に 出して 読んでから もんだいを ときましょう。

10. 136円 もって います。64円の すてきな うんこを 買うと、何円 のこりますか。

しき　136−64=72

ひっ算
```
  136
−  64
   72
```

答え　72円

こたえは 75ページ

（46）

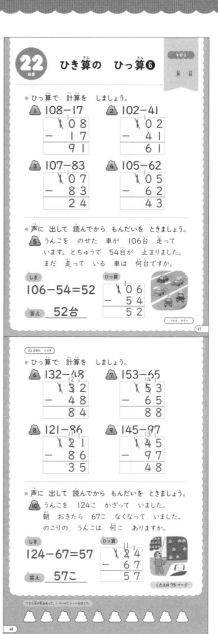

● ひっ算で 計算を しましょう。

1. 108−17
```
  108
−  17
   91
```

2. 102−41
```
  102
−  41
   61
```

3. 107−83
```
  107
−  83
   24
```

4. 105−62
```
  105
−  62
   43
```

● 声に 出して 読んでから もんだいを ときましょう。

5. うんこを のせた 車が 106台 走って います。とちゅうで 54台が 止まりました。まだ 走って いる 車は 何台ですか。

しき　106−54=52

ひっ算
```
  106
−  54
   52
```

答え　52台

（47）

22日目の つづき

● ひっ算で 計算を しましょう。

6. 132−48
```
  132
−  48
   84
```

7. 153−65
```
  153
−  65
   88
```

8. 121−86
```
  121
−  86
   35
```

9. 145−97
```
  145
−  97
   48
```

● 声に 出して 読んでから もんだいを ときましょう。

10. うんこを 124こ かざって いました。朝 おきたら 67こ なくなって いました。のこりの うんこは 何こ ありますか。

しき　124−67=57

ひっ算
```
  124
−  67
   57
```

答え　57こ

こたえは 75ページ

（48）

こたえ

23日目　ひき算の　ひっ算❼

ひっ算で　計算を　しましょう。

① 173−89
```
 16
 173
− 89
  84
```

② 182−98
```
 17
 182
− 98
  84
```

③ 164−77
```
 15
 164
− 77
  87
```

④ 151−85
```
 14
 151
− 85
  66
```

声に　出して　読んでから　もんだいを　ときましょう。

⑤ りんごが　97こ，うんこが　165こ　あります。
うんこは　りんごより　何こ　多いですか。

しき 165−97=68

ひっ算
```
 15
 165
− 97
  68
```

答え 68こ

49

23日目の つづき

ひっ算で　計算を　しましょう。

⑥ 148−69
```
 13
 148
− 69
  79
```

⑦ 112−95
```
 10
 112
− 95
  17
```

⑧ 163−88
```
 15
 163
− 88
  75
```

⑨ 131−77
```
 12
 131
− 77
  54
```

声に　出して　読んでから　もんだいを　ときましょう。

⑩ しゃしんが　124まい　あります。そのうち，
87まいは　うんこの　しゃしんでした。うんこ
では　ない　しゃしんは　何まい　ありますか。

しき 124−87=37

ひっ算
```
 11
 124
− 87
  37
```

答え 37まい

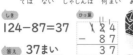

こたえは 76ページ

50

24日目　ひき算の　ひっ算❽

ひっ算で　計算を　しましょう。

① 150−65
```
 14
 150
− 65
  85
```

② 110−38
```
 10
 110
− 38
  72
```

③ 180−91
```
 17
 180
− 91
  89
```

④ 120−52
```
 11
 120
− 52
  68
```

声に　出して　読んでから　もんだいを　ときましょう。

⑤ 130この　うんこを　せおって　走って　いま
したが，とちゅうで　84こ　おちて　しまいま
した。せおって　いる　うんこは　何こですか。

しき 130−84=46

ひっ算
```
 12
 130
− 84
  46
```

答え 46こ

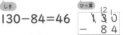
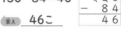

51

24日目の つづき

ひっ算で　計算を　しましょう。

⑥ 140−67
```
 13
 140
− 67
  73
```

⑦ 170−86
```
 16
 170
− 86
  84
```

⑧ 160−93
```
 15
 160
− 93
  67
```

⑨ 120−79
```
 11
 120
− 79
  41
```

声に　出して　読んでから　もんだいを　ときましょう。

⑩ 85円の　かわいいうんこと，150円の　うつくしい
うんこが　売られて　います。うつくしいうんこは
かわいいうんこより　何円　高いですか。

しき 150−85=65

ひっ算
```
 14
 150
− 85
  65
```

答え 65円

こたえは 76ページ

52

76

こたえ

25 6日目 ひき算の ひっ算❾ 月 日

● ひっ算で 計算を しましょう。

① 105-67

$$\begin{array}{r} {\scriptstyle 9}\\ \cancel{1}\cancel{0}5 \\ - \quad 67 \\ \hline 38 \end{array}$$

② 103-14

$$\begin{array}{r} {\scriptstyle 9}\\ \cancel{1}\cancel{0}3 \\ - \quad 14 \\ \hline 89 \end{array}$$

③ 102-33

$$\begin{array}{r} {\scriptstyle 9}\\ \cancel{1}\cancel{0}2 \\ - \quad 33 \\ \hline 69 \end{array}$$

④ 100-85

$$\begin{array}{r} {\scriptstyle 9}\\ \cancel{1}\cancel{0}0 \\ - \quad 85 \\ \hline 15 \end{array}$$

● 声に 出して 読んでから もんだいを ときましょう。

⑤ 108この うんこを とても 大切に して います。そのうち、29こを 弟に あげる ことに しました。のこる うんこは 何こですか。

しき 108-29=79

ひっ算
$$\begin{array}{r} {\scriptstyle 9}\\ \cancel{1}\cancel{0}8 \\ - \quad 29 \\ \hline 79 \end{array}$$

答え 79こ

53

---

25 6日目の つづき

● ひっ算で 計算を しましょう。

⑥ 107-49

$$\begin{array}{r} {\scriptstyle 9}\\ \cancel{1}\cancel{0}7 \\ - \quad 49 \\ \hline 58 \end{array}$$

⑦ 104-55

$$\begin{array}{r} {\scriptstyle 9}\\ \cancel{1}\cancel{0}4 \\ - \quad 55 \\ \hline 49 \end{array}$$

⑧ 100-23

$$\begin{array}{r} {\scriptstyle 9}\\ \cancel{1}\cancel{0}0 \\ - \quad 23 \\ \hline 77 \end{array}$$

⑨ 106-78

$$\begin{array}{r} {\scriptstyle 9}\\ \cancel{1}\cancel{0}6 \\ - \quad 78 \\ \hline 28 \end{array}$$

● 声に 出して 読んでから もんだいを ときましょう。

⑩ うんこの 本が 101さつ, まんがの 本が 76さつ あります。うんこの 本は, まんがの 本より 何さつ 多いですか。

しき 101-76=25

ひっ算
$$\begin{array}{r} {\scriptstyle 9}\\ \cancel{1}\cancel{0}1 \\ - \quad 76 \\ \hline 25 \end{array}$$

答え 25さつ

こたえは 77ページ

できた 日の 数を ぬって, 1ページにシールをはろう。

54

---

26 6日目 ひき算の ひっ算❿ 月 日

● ひっ算で 計算を しましょう。

① 102-3

$$\begin{array}{r} {\scriptstyle 9}\\ \cancel{1}\cancel{0}2 \\ - \quad 3 \\ \hline 99 \end{array}$$

② 106-7

$$\begin{array}{r} {\scriptstyle 9}\\ \cancel{1}\cancel{0}6 \\ - \quad 9 \\ \hline 97 \end{array}$$

③ 105-6

$$\begin{array}{r} {\scriptstyle 9}\\ \cancel{1}\cancel{0}5 \\ - \quad 6 \\ \hline 99 \end{array}$$

④ 100-8

$$\begin{array}{r} {\scriptstyle 9}\\ \cancel{1}\cancel{0}0 \\ - \quad 8 \\ \hline 92 \end{array}$$

● 声に 出して 読んでから もんだいを ときましょう。

⑤ 「校長先生の うんこを 見る 会」に 103人が 来る ことに なって いましたが, 来たのは 7人だけでした。来なかったのは 何人ですか。

しき 103-7=96

ひっ算
$$\begin{array}{r} {\scriptstyle 9}\\ \cancel{1}\cancel{0}3 \\ - \quad 7 \\ \hline 96 \end{array}$$

答え 96人

55

---

26 6日目の つづき

● ひっ算で 計算を しましょう。

⑥ 128-73

$$\begin{array}{r} {\scriptstyle 1}\\ \cancel{1}2\,8 \\ - \quad 73 \\ \hline 55 \end{array}$$

⑦ 141-82

$$\begin{array}{r} {\scriptstyle 1}\\ \cancel{1}4\,1 \\ - \quad 82 \\ \hline 59 \end{array}$$

⑧ 123-57

$$\begin{array}{r} {\scriptstyle 1}\\ \cancel{1}2\,3 \\ - \quad 57 \\ \hline 66 \end{array}$$

⑨ 131-69

$$\begin{array}{r} {\scriptstyle 1}\\ \cancel{1}3\,1 \\ - \quad 69 \\ \hline 62 \end{array}$$

● 声に 出して 読んでから もんだいを ときましょう。

⑩ おとうさんは 98こ, おじいちゃんは 154こ, うんこを もって います。おじいちゃんは, おとうさんより うんこを 何こ 多く もって いますか。

しき 154-98=56

ひっ算
$$\begin{array}{r} {\scriptstyle 1}\\ \cancel{1}5\,4 \\ - \quad 98 \\ \hline 56 \end{array}$$

答え 56こ

こたえは 77ページ

できた 日の 数を ぬって, 1ページにシールをはろう。

56

こたえ

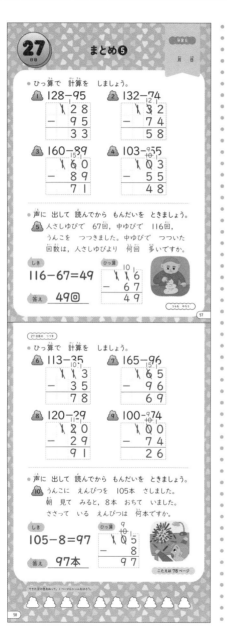

● ひっ算で 計算を しましょう。

① 128−95
```
  128
−  95
   33
```

② 132−74
```
  132
−  74
   58
```

③ 160−89
```
  160
−  89
   71
```

④ 103−55
```
  103
−  55
   48
```

● 声に 出して 読んでから もんだいを ときましょう。

⑤ 人さしゆびで 67回, 中ゆびで 116回, うんこを つつきました。中ゆびで つついた 回数は, 人さしゆびより 何回 多いですか。

しき 116−67=49
ひっ算
```
  116
−  67
   49
```
答え 49回

57

● ひっ算で 計算を しましょう。

⑥ 113−35
```
  113
−  35
   78
```

⑦ 165−96
```
  165
−  96
   69
```

⑧ 120−29
```
  120
−  29
   91
```

⑨ 100−74
```
  100
−  74
   26
```

● 声に 出して 読んでから もんだいを ときましょう。

⑩ うんこに えんぴつを 105本 さしました。朝 見て みると, 8本 おちて いました。ささって いる えんぴつは 何本ですか。

しき 105−8=97
ひっ算
```
  105
−   8
   97
```
答え 97本

こたえは 78ページ

58

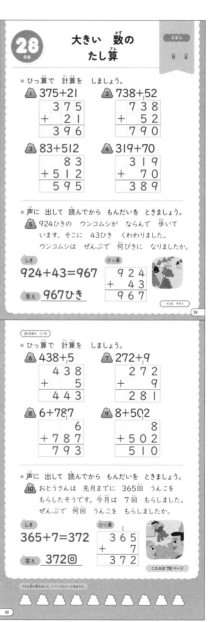

● ひっ算で 計算を しましょう。

① 375+21
```
  375
+  21
  396
```

② 738+52
```
  738
+  52
  790
```

③ 83+512
```
   83
+ 512
  595
```

④ 319+70
```
  319
+  70
  389
```

● 声に 出して 読んでから もんだいを ときましょう。

⑤ 924ひきの ウンコムシが ならんで 歩いて います。そこに 43ひき くわわりました。ウンコムシは ぜんぶで 何びきに なりましたか。

しき 924+43=967
ひっ算
```
  924
+  43
  967
```
答え 967ひき

59

● ひっ算で 計算を しましょう。

⑥ 438+5
```
  438
+   5
  443
```

⑦ 272+9
```
  272
+   9
  281
```

⑧ 6+787
```
    6
+ 787
  793
```

⑨ 8+502
```
    8
+ 502
  510
```

● 声に 出して 読んでから もんだいを ときましょう。

⑩ おとうさんは 先月までに 365回 うんこを もらしたそうです。今月は 7回 もらしました。ぜんぶで 何回 うんこを もらしましたか。

しき 365+7=372
ひっ算
```
  365
+   7
  372
```
答え 372回

こたえは 78ページ

60

こたえ

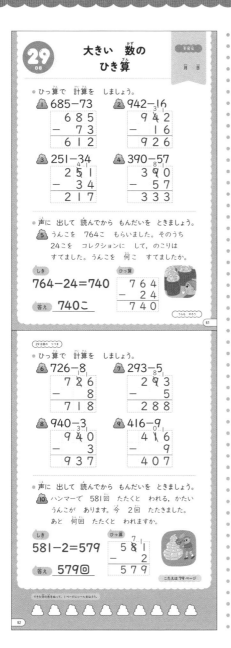

29日目 大きい 数の ひき算
月 日

● ひっ算で 計算を しましょう。

① 685−73
```
  6 8 5
−   7 3
  6 1 2
```

② 942−16
```
  9 4 2
−   1 6
  9 2 6
```

③ 251−34
```
  2 5 1
−   3 4
  2 1 7
```

④ 390−57
```
  3 9 0
−   5 7
  3 3 3
```

● 声に 出して 読んでから もんだいを ときましょう。

⑤ うんこを 764こ もらいました。そのうち 24こを コレクションに して、のこりは すてました。うんこを 何こ すてましたか。

しき 764−24=740

ひっ算
```
  7 6 4
−   2 4
  7 4 0
```

答え 740こ

29日目の つづき
● ひっ算で 計算を しましょう。

⑥ 726−8
```
  7 2 6
−     8
  7 1 8
```

⑦ 293−5
```
  2 9 3
−     5
  2 8 8
```

⑧ 940−3
```
  9 4 0
−     3
  9 3 7
```

⑨ 416−9
```
  4 1 6
−     9
  4 0 7
```

● 声に 出して 読んでから もんだいを ときましょう。

⑩ ハンマーで 581回 たたくと われる、かたい うんこが あります。今 2回 たたきました。あと 何回 たたくと われますか。

しき 581−2=579

ひっ算
```
  5 8 1
−     2
  5 7 9
```

答え 579回

こたえは 79ページ

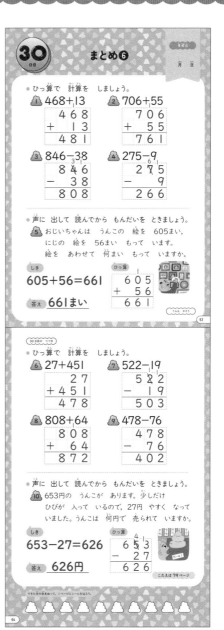

30日目 まとめ❻
月 日

● ひっ算で 計算を しましょう。

① 468+13
```
  4 6 8
+   1 3
  4 8 1
```

② 706+55
```
  7 0 6
+   5 5
  7 6 1
```

③ 846−38
```
  8 4 6
−   3 8
  8 0 8
```

④ 275−9
```
  2 7 5
−     9
  2 6 6
```

● 声に 出して 読んでから もんだいを ときましょう。

⑤ おじいちゃんは うんこの 絵を 605まい、にじの 絵を 56まい もって います。絵を あわせて 何まい もって いますか。

しき 605+56=661

ひっ算
```
  6 0 5
+   5 6
  6 6 1
```

答え 661まい

30日目の つづき
● ひっ算で 計算を しましょう。

⑥ 27+451
```
    2 7
+ 4 5 1
  4 7 8
```

⑦ 522−19
```
  5 2 2
−   1 9
  5 0 3
```

⑧ 808+64
```
  8 0 8
+   6 4
  8 7 2
```

⑨ 478−76
```
  4 7 8
−   7 6
  4 0 2
```

● 声に 出して 読んでから もんだいを ときましょう。

⑩ 653円の うんこが あります。少しだけ ひびが 入って いるので、27円 やすく なって いました。うんこは 何円で 売られて いますか。

しき 653−27=626

ひっ算
```
  6 5 3
−   2 7
  6 2 6
```

答え 626円

こたえは 79ページ

1ページの こたえ：234円

79

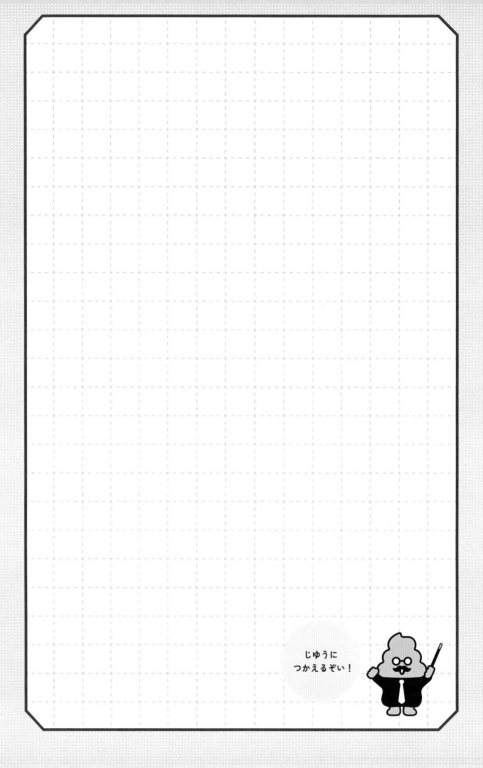

じゆうに
つかえるぞい！

うんこドリル セット購入者 限定！

学習に役立つ 特別ふろく付き

➡ ご購入は各QRコードから ⬇

	小学 **1** 年生	小学 **2** 年生

漢字セット

小学1年生

漢字セット
2冊
・かん字
・かん字もんだいしゅう編

小学2年生

漢字セット
2冊
・かん字
・かん字もんだいしゅう編

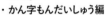

算数セット

小学1年生

算数セット
3冊
・たしざん
・ひきざん
・文しょうだい

小学2年生

算数セット
4冊
・たし算　・ひき算
・かけ算　・文しょうだい

オールインワンセット

／全部入り！＼

小学1年生

オールインワンセット
7冊
・かん字
・かん字もんだいしゅう編
・たしざん
・ひきざん
・文しょうだい
・アルファベット・ローマ字
・英単語

小学2年生

オールインワンセット
8冊
・かん字
・かん字もんだいしゅう編
・たし算　・ひき算
・かけ算　・文しょうだい
・アルファベット・ローマ字
・英単語

※ セットによって特別ふろくの内容は異なります。